Amazing

美好・溫暖・三明治

44道超乎想像的三明治機驚奇料理

Sandwich

作者——好時光小群煮

本期地方代表／
飽合舖

BAUnBU

嗨！首先做個自我介紹，「飽合舖」是結婚幾年還是自稱新婚的張氏夫妻分享生活大小事、私房菜教學跟垃圾話比較多的小小粉絲團，「飽」和「舖」是婚前對彼此的暱稱，飽飽跟丼桑都是先生，舖舖及豬婦都是太太。

踏入料理的第一步

　　豬婦因為嚮往婚後生活，所以很早婚，又嚮往小夫妻一起吃晚餐的畫面，於是開始煮飯。而在丼桑分享愛妻便當後引起親朋好友的熱烈好評，更讓豬婦對料理產生信心，也開始想要研究一些高難度的料理。最初入門菜是泰式料理，後來因為哈韓，慢慢變成韓式料理的達人（自己說），每次到韓國旅遊也會特別嘗試一些台灣比較少見的料理。最近又轉換風格想要嘗試日式家常菜，所以開始研究常備菜，剛好天氣也合適，豬婦就是這麼善變。

參與本書製作的心情點滴

　　剛得知要協助製作本食譜時，飽合舖完全是受寵若驚、興奮到了極點，抱著一定要做好做滿的心態全力以赴。食譜構想的過程相當順利，直到開始實作時，由於時間緊繃，才真正感受到可怕的壓力，因為不想要隨便亂作業，所以每道食譜都用心試作試吃、調整比例、拍攝照片記錄，也因為短時間內吃太多三明治，造成嚴重的職業傷害，體重都增加不少！可說是犧牲慘重啊！然而最辛苦的時間點是落在準備進棚拍攝的那一週，剛好丼桑出差，豬婦一個人準備食材，心裡又擔心拍攝當天的突發狀況，一直煩編輯大人說自己很緊張，只差沒崩潰……但有道是：「關關難過關關過」，謝謝豬婦妹妹到場情義相挺，讓拍攝進行的很順利，也沖淡了當天扛了100多樣食材道具、崩潰想哭的心情……

　　希望你們會喜歡這本三明治食譜，歡迎大家來粉絲團與「飽合舖」交流意見喔！

三明治的名稱是由英文Sandwich直譯而來，廣義而言，只要是以薄麵包夾入熟肉、蔬菜、乳酪並佐以一些醬料的食物，即可稱為三明治。而Sandwich的來源，據說是取名自18世紀時英國貴族第四代三明治伯爵——約翰‧夢塔古（John Montagu, 4th Earl of Sandwich）。伯爵因為熱愛玩撲克牌，不願意牌局因為用餐進食而中斷，於是發明了可以單手進食的「麵包夾肉片」，好讓他一手打牌，一手用餐，漸漸地，這樣方便食用又容易拿取的食物便廣為人知，於是人們就以伯爵的名字來稱呼這個食物，也就成了今天的三明治。世界各國因為地域、文化、氣候、經濟等各種原因，亦逐漸發展變化出擁有當地特色的「三明治」，麵包體可以是法國麵包、義大利麵包、墨西哥薄餅等等，內餡更是豐富多變，更形成了更多元的三明治家族，如：漢堡、帕尼尼、潛艇堡、夾餡可頌、夾餡貝果……等。

三明治常被當成是工作餐點或午後輕食，也是郊遊踏青、野餐派對的人氣小吃，由於製作方便、容易攜帶，且不論冷食、熱食皆有支持者，可說是人見人愛的人氣王。而在台灣人的集體記憶中，三明治更是西式早餐店中的熱門餐點，一份三明治加一杯紅茶可說是早餐黃金組合，不論是鹹食的火腿蛋、鮪魚蛋，或是甜食的巧克力、草莓醬，都是台灣人常見的三明治選項。

● ● ●

本食譜的目的，是希望大家都可以在家透過三明治機，輕輕鬆鬆完成美味可口的餐點，讓三明治的溫暖，穩穩地傳遞給心愛的家人朋友們，一起構築屬於你們最美好的日常時光。本書使用機型為日本麗克特récolte的格子三明治機，結合簡約、時尚的美觀，又兼具熱能快速傳導，易操作的實用。

為了照顧各種飲食習慣的族群，本書提供了五大類選項，**肉品**、**海鮮**、**蔬食與蛋**、**甜食**以及**驚奇料理**，並根據製作時間劃分了三種等級，包含**五分鐘**內可完成的大忙人美味，以及**五至十分鐘**可完成的懶懶熊美味，以及**十五分鐘以上**的大廚級美味，可依據時間及當日行程彈性選擇。而無論成品多麼美味，擺盤與包裝絕對不能鬆懈，少女心一定要堅持到最後一步，本書還介紹了幾種讓三明治美到不可限量的包裝法，現在就一起捲起袖子，用各式各樣的三明治豐富你美好的每一餐吧！

Contents - 目錄

004　製作群的話
005　關於三明治的兩三事
005　本書使用介紹

Chapter 1

美好三明治日記
PREPARATION

013　好口感麵包 Brand
015　好方便食材 Ingredient
017　好美味抹醬 Sauce
020　三明治機使用說明 SOP

Chapter 2

肉類三明治
MEAT SANDWICH

025　帕瑪火腿＋當季水果 Parma Ham & Fruits
027　夏威夷 Hawaii
029　經典貓王 Classic Elvis

031　泡菜牛肉＋炒蛋 Kimchi Beef & Scrambled Eggs
033　泰式打拋豬 Holy Basil Pork
035　香煎雞柳佐藍莓醬 Sauted Chicken with Blueberry Sauce
037　明太子乳酪烤雞 Cod Roe Sauce with Chicken Breast
039　番茄燉肉丸 M eatballs & Tomato Sauce
041　蒜炒臘肉綜合菇裹蛋汁 Chinese Bacon and Mushroom with Eggs

海鮮三明治
SEAFOOD SANDWICH

045　酸豆洋蔥煙燻鮭魚 Smoked salmon with Capers and Onion
047　韓式鮪魚泡菜 Korean Kimchi Tuna
049　鯷魚酸豆醬番茄 Anchovy Capers Sauce with Tomato
051　三杯透抽 Neritic Squid with Three Cups Sauce
053　西班牙橄欖油蒜辣蝦 Gambas Al Ajillo
055　炸魚條佐塔塔醬 Fish Fingers with Tartar Sauce
057　味噌美乃滋醬烤鮭魚 Salmon with Miso Mayonnaise
059　水果鮮蝦佐蜂蜜芥末醬 Shrimp Fruit With Honey Mustard
061　普羅旺斯燉海鮮 Stewed Seafood

蔬食與蛋三明治
VEGETABLE & EGG SANDIWICH

065　九層塔辣椒番茄 Basil chili and Tomato
067　乳酪洋蔥 Cheese onion
069　酪梨莎莎醬 Guacamole
071　自製馬鈴薯餅 Handmade Hash Browns
073　乾煎奶油杏鮑菇 Pan-fry King Oyster Mushrooms
075　檸檬百里香炒磨菇 Saute Mushroom With Lemon Thyme
077　大蒜蛋黃醬烤波特菇 Portobello Mushroom With Garlic Mayonnaise
079　干鍋蔬菜烘蛋 Griddle Cauliflower With Tortilla De Patata
081　韓式炒冬粉 Japchae

Chapter 5

抹醬甜甜
SWEET SPREAD SANDWICH

085　草莓花生醬 Strawberry Jam Mix Peanut Butter

087　綜合莓果佐榛果巧克力醬 Integrated Berry With Nutella

089　楓糖堅果乳酪 Maple Cheese With Integrated Nuts

091　濃縮巴薩米克醋＋香蕉 Heates Aceto Balsamico and Banana

093　分解檸檬塔 Lemon Tart

095　蘋果二重奏 Double Apple Pie

Chapter 6

經典甜點
CLASSIC DESSERT SANDWICH

099　布丁卡士達 Pudding Custard

101　韓式肉桂糖餅 Korean Cinnamon Pancake

103　棉花糖起司地瓜 Sweet Potatoes With Cheese and Marshmallow

105　蒙布朗 Mont Blanc

107　提拉米蘇 Tiramisu

109　抹茶吐司佐黑糖黃豆粉 Matcha Toast With Brown Sugar And Soybean Flour

驚奇新創意
AMAZING SANDWICH

Chapter 7

113　章魚燒餅 Taki...
115　墨西哥魚肉薄餅 ...Tortilla With Fish
117　墨西哥辣肉醬薄餅 Flour Tortilla With Chili Con Carne
119　韓式海鮮煎餅 Korean Seafood Pancakes
121　鮭魚烤飯糰 Grilled Salmon Rice Balls

神來一筆 · 擺盤包裝大加分
PRESENTATION & WRAP UP

Chapter 8

124　Style 1
126　Style 2
128　Style 3
130　Style 4

132　附錄　三明治機常見 Q&A

Chapter 1

美好三明治日記
PREPARATION

一道美好的三明治料理，奠基於新鮮美味的食材。
好口感麵包、好濃郁醬料、好新鮮食材，三者合一，所向無敵！
本章將會介紹各種讓三明治美味加分的元素，
並且完整示範三明治機的使用說明。

好口感麵包
BREAD

三明治的基底，
麵包的選擇

● **鮮奶吐司**

使用天和鮮物鮮奶吐司，有別於一般白吐司濕潤度不足，全程以鮮奶製成，不加一滴水，純淨又營養，兼具柔軟與口感。烘烤過後可以聞到淡淡的奶香味，且仍保有鮮奶吐司獨有的彈性，適合搭配各種口味的內餡。

● **豆漿吐司**

使用天和鮮物豆漿吐司，質地綿密細軟，吃過一次就會愛上，保留豆漿天然的濃純香，讓吐司變得輕盈溫潤，烘烤過後口感紮實，香氣更盛。

● **布里歐吐司**

使用天和鮮物布里歐吐司，布里歐吐司為一種法式奶油麵包，加入較多的雞蛋與奶油，香氣濃郁，口感綿密。烘烤過後更顯奶油香，能感受到濃烈的歐式風情。

● **鄉村麵包**

源自鄉村農家的鄉村麵包，外型樸素、麵包體厚實，是經典歐式麵包的人氣王。味道簡單樸實，細細咀嚼可以嘗到麥子的香氣，無論是搭配火腿肉品或是海鮮，甚至甜抹醬，都是絕佳組合。

● **英式馬芬**

即知名速食店的「滿福堡」麵包，比普通漢堡的麵包更有咬勁與彈性，烘烤過後口感依舊，與內餡的軟嫩形成互補，令人大快朵頤。

● **法國麵包**

簡單咀嚼就能嘗到自然麥香，外皮酥脆、內在香Q是法國麵包人氣歷久不衰的原因。將法國麵包斜切成片狀，經過三明治機烘烤，馬上恢復最佳狀態。

● **貝果**

貝果充滿嚼勁的內芯和色澤深厚而鬆脆的外表，加上中空的造型，是十分討喜的麵包之一。將貝果放進三明治機烘烤後，能讓貝果厚度更容易入口，且多了些許焦香味，讓美味更多層次。

● **墨西哥薄餅**

墨西哥薄餅可以發展的菜式相當多元，因為原料簡單，搭配任何食材都不衝突，經過三明治機烘烤後，餅皮酥脆中又帶有咬勁，創造出不同於麵包的厚實口感。

好方便食材
MNATERIAL

三明治美味的來源，
豐富的餡料搭配

A 肉品、火腿

各式火腿、培根等肉類，及魚肉、蝦子等海鮮
類是三明治不可或缺的主食。新鮮的食材能讓
美味加分，而創意多變的組合更能創造無窮
的新鮮感，新鮮感是美食永遠吸引人的關鍵因
素。

B 新鮮蔬果

蔬果能中和麵包體的粒子，提供了柔軟而濕潤
的感受，水果更能打破既有的味覺感受，形成
口腔中的亮點，收畫龍點睛之效。

C 起司、香草

起司與香草是三明治中最佳配角，起司遇熱融
化的特性，使他成為穿梭食材與麵包間的隱形
愛人，讓三明治的美味感受升級，視覺感受也
爆棚！香草帶來各種不同的香氣感受，一些些
就能點綴餐點的美好，也能帶出三明治的異國
情調，是加分好物。

好美味抹醬
SAUCE

提升食材美味
又能緩和麵包質地的
美好助子

1 鰻魚酸豆醬

You Need 鰻魚 2 條，酸豆罐頭 1 湯匙，橄欖油 1 茶匙、鹽、黑胡椒少許，蒜頭一顆。

How To 將鰻魚、酸豆和蒜頭一起切成泥，加入橄欖油、鹽及黑胡椒即完成。

鰻魚與酸豆是兩款味道濃烈的食材，將兩者調和能使香氣互相平衡，尤其適合搭配麵包食用。

2 味噌美乃滋

You Need 美乃滋 3 湯匙，味噌 2 湯匙。

How To 將美乃滋與味噌拌勻即可。

味噌美乃滋是極具日式風情的醬料，非常適合用於海鮮類食材，不論是鮭魚、鱈魚或是生魚片，潤滑的口感、濃烈的香氣都可以為食材大大加分。

3 明太子美乃滋

You Need 明太子 1 條，美乃滋 3 湯匙。

How To 將明太子與美乃滋拌勻即可。

明太子是鱈魚卵醃漬而成的食材，香氣十足，搭配美乃滋可中和醃漬的鹹味，適合搭配雞胸肉，能改變柴柴的肉質，變成滑嫩又多汁的口感。

4 塔塔醬

You Need 黃芥末 2 湯匙，美乃滋 3 湯匙，檸檬汁 1 湯匙、蜂蜜 1 湯匙、酸黃瓜 1 根、墨西哥辣椒 1 根、鹽、黑胡椒少許。

How To 酸黃瓜和墨西哥辣椒切碎後，將所有材料調勻即可。

塔塔醬是擁有濃稠口感、味道卻十分清新的醬料，適合搭配炸物，尤其是炸魚，能將炸物的油膩感去除，提升食材的層次感及味蕾的豐富度。

5 檸檬凝醬

You Need 檸檬汁半顆，檸檬皮半顆，雞蛋 0.5 顆，砂糖 35g，無鹽奶油 15g

How To 取一小鍋均勻混合雞蛋與糖，開小火加熱，倒入檸檬皮及檸檬汁持續攪拌，再分次加入小塊奶油，一塊融化再加入下一塊。攪拌至濃稠後倒入容易，以保鮮膜密合放冷備用。

檸檬凝醬應用範圍極廣，不論是甜點用途，或是做為沙拉醬、海鮮類的提味，都是第一首選。

6 酪梨醬

You Need 酪梨1顆，洋蔥0.5顆、檸檬汁2湯匙、鹽、黑胡椒適量。

How To 洋蔥切丁，將酪梨剖半後取出籽，壓成泥狀後，與洋蔥丁、檸檬汁、鹽、黑胡椒拌勻即完成。

酪梨是近年來受到矚目的人氣王，營養成分高，可以降血壓、控制血糖，更可改善代謝並減重，且料理起來簡易又美味，不論是直接吃、打成牛奶、製成抹醬都十分可口。

7 蜂蜜芥末醬

You Need 美乃滋2湯匙，酸奶油3湯匙，黃芥末1湯匙，煙燻紅椒粉1湯匙，蜂蜜1湯匙，黑胡椒粉少許。

How To 將所有醬料調勻即完成。

蜂蜜芥末醬是西式醬料中的人氣王，香香甜甜又帶點酸味，十分開胃！不論是佐生菜、肉品、炸物都超級美味，且味道既豐富又柔和，老人與小孩都能接受。

8 韓式辣醬

You Need 韓式辣椒醬1湯匙，砂糖1茶匙。

How To 將辣椒醬及砂糖拌勻即完成。

市售的韓式辣醬味道比較死鹹，可以加入些許砂糖調和，既能降低鹹度又能提高辣的變化，不論是搭配烤肉或是泡菜湯都很適合，也可以拌入白芝麻增加香氣喔！

9 藍莓醬

You Need 藍莓50g，砂糖2湯匙，檸檬汁1湯匙。

How To 將藍莓及糖放入鍋中，以小火熬煮至濃稠，倒入檸檬汁續煮30秒即完成。

藍莓醬做起來簡單又快速，用途極廣，可以搭配冰淇淋、優格、蛋糕、鬆餅，也可以配茶變成藍莓果茶，更驚喜的是酸甜味與雞肉料理超級 match，一定要試試看！

10 大蒜蛋黃醬

You Need 美乃滋2湯匙，蜂蜜0.5湯匙，蒜頭2顆。

How To 蒜頭一顆切碎，一顆壓成泥，與美乃滋及蜂蜜調勻即完成。

蒜頭的嗆辣被美乃滋融化，轉化成溫潤的滋味，再透過蜂蜜的提引，形成了一道華美而潤滑的醬料，被稱為「普羅旺斯的奶油」，不論是佐海鮮、肉類或蔬菜都十分美味。

日本麗克特 récolte Quilt
格子三明治機使用說明
Standard Operation Procedure

STEP 1
機器平放於桌面，電線拉直不纏繞。

STEP 2
插上電源，燈亮表示機器預熱中。燈滅表示機器處於200度恆溫狀態。

STEP 3
將擺好配料的吐司放上烤盤正中央。

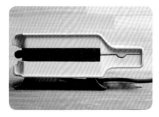

STEP 4
蓋上上層吐司，四邊對齊。

STEP 5
若是餡料較多，可將上層吐司往機器轉軸處靠近一些，保留壓下後的位移差。

STEP 6
將上蓋壓下，可用料理夾固定吐司，快狠準往下壓。

STEP 7
握把鎖有3種模式，依據麵包的厚度可自行調整。

STEP 8
確實將握把鎖密合，靜待3分鐘

STEP 9
以矽膠料理夾將三明治夾出即可。

保養說明

● 第一次使用前，請先使用柔軟的乾布擦拭乾淨。

● 機器使用完畢後，請務必自插座上移除電源插頭，並將機器上蓋打開，等機器與烤盤冷卻後，再進行清潔與保養維護。

● 上下烤盤使用完後，可用軟毛刷刷除烤盤表面殘留的食材與髒汙，再用乾布擦拭乾淨。

● 烤盤上的殘留結塊、油漬食材，請使用廚房紙巾沾溫水後進行擦拭。

● 在烤盤仍處高溫時清潔，容易燙傷，塗層也容易損毀請特別注意。

● 機器使用完畢後，請務必清潔與保養機器。如未將烤盤上的殘留食材或髒汙清潔乾淨，可能會導致烤盤損壞或故障。

● 機器不可放入洗碗機烘乾機進行清潔，如果這樣做會導致機器損壞故障。

● 烤盤表面為不沾黏塗層，為避免破壞不沾黏塗層，請注意以下事項說明：

　✚ 請不要使用金屬刀叉尖銳的物體，碰觸烤盤，以免烤盤刮傷。

　✚ 請不要使用去汙粉、尼龍刷、鋼絲絨等堅硬的清潔器具進行清潔。

　✚ 機器本體清潔請用軟布沾清水，擰乾後，擦拭機身本體上的污垢，若有必要，可沾取適量稀釋後的廚房專用中性清潔劑，之後用乾布將機身本體上的水分擦拭乾淨。

Chapter 2

肉類三明治
MEAT SANDWICH

肉類一向是三明治中的主要食材，
滿足了饕客們大口咬下的痛快感，也提供豐盛的飽足感。
書中介紹了火腿、培根、牛肉、豬肉、雞肉、臘肉以及私房肉丸等各種肉品的變化食譜，
滿足嗜肉族的所有願望。

帕瑪火腿 + 當季水果

Parma Ham & Fruits

 5分鐘

食材
Ingredients

帕瑪火腿	2 片
水果切塊	半顆
奶油乳酪	2 湯匙
蜂蜜	1.5 湯匙
鄉村麵包	2 片

做法
Practice

1 取一片鄉村麵包均勻塗上奶油乳酪。

2 依序放上帕瑪火腿及水果,並淋上蜂蜜。

3 將吐司移至三明治機,蓋上另一片麵包,闔上機器,開始烘烤。

夏威夷
Hawaii

食材
Ingredients

做法
Practice

里肌火腿 ———————— 5 片

罐頭鳳梨 ———————— 5 片

去籽黑橄欖切片 ————— 2 顆

番茄醬 ————————— 2 湯匙

鮮奶吐司 ———————— 2 片

1 取一片鮮奶吐司均勻塗上番茄醬。

2 依序放上里肌火腿、鳳梨及去籽橄欖。

3 將吐司移至三明治機,蓋上另一片吐司,闔上機器,開始烘烤。

5分鐘

經典貓王
Classic Elvis

 5分鐘

食材
Ingredients

培根	3 片
花生醬	40g
香蕉切片	1 根
砂糖	1 茶匙
豆漿吐司	2 片

做法
Practice

1 香蕉切片備用。培根放入鍋中，兩面撒糖煎至焦糖化備用。

2 兩片吐司各抹上一湯匙花生醬，依序放上香蕉片及培根。

3 將吐司移至三明治機內，蓋上另一片吐司，闔上機器，開始烘烤。

泡菜牛肉 + 炒蛋
Kimchi Beef & Scrambled Eggs

 5-10分鐘

食材
Ingredients

泡菜	50g
牛肉片	50g（約 5-6 片）
蒜頭切碎	2 顆
韓式辣醬	0.5 湯匙
醬油	0.5 湯匙
砂糖	1 茶匙
鹽	少許
青蔥切碎	0.5 根
雞蛋	1 顆
橄欖油	1 湯匙
無鹽奶油	1 湯匙
布里歐吐司	2 片

做法
Practice

1 取一個鍋子打入雞蛋後，加入無鹽奶油拌勻，再放上瓦斯爐開小火，不停攪拌到蛋汁稍微凝固，離開火源撒入鹽繼續攪拌備用。

2 熱鍋倒入橄欖油，爆香蒜頭，加入泡菜、牛肉片，牛肉稍微變色即加入辣醬、醬油及糖，拌炒至有焦香味，起鍋備用。

3 將泡菜牛肉及炒蛋依序放上吐司，撒上青蔥末，移至三明治機，蓋上另一片吐司，闔上機器，開始烘烤。

泰式打拋豬
Holy Basil Pork

5-10 分鐘

食材
Ingredients

豬絞肉 —————— 100g
雞蛋 ————————— 1 顆
小番茄切半 ———— 4 顆
蒜頭切碎 ————— 2 顆
紅辣椒切碎 ———— 1 根
米酒 ————— 0.5 湯匙
醬油 ————————— 1 湯匙
檸檬汁 ————— 1.5 湯匙
魚露 ————————— 1 湯匙
砂糖 ————— 0.2 湯匙
九層塔葉 ————— 適量
鮮奶吐司 ————— 2 片

做法
Practice

1 將醬油、檸檬汁、魚露及糖調勻備用，可視個人口味增減檸檬汁的量。

2 熱鍋不加油，將豬絞肉平鋪於鍋中加熱，絞肉變色後，加入蒜末拌炒至香味飄出。

3 於鍋邊倒入米酒去除豬肉腥味，待酒精揮發，倒入步驟 1 醬料炒至絞肉上色，接著加進番茄及辣椒，最後撒上九層塔，翻炒 30 秒關火。

4 熱鍋煎一顆太陽蛋備用。

5 取一片吐司放上太陽蛋、打拋豬肉，移至三明治機，蓋上另一片吐司，闔上機器，開始烘烤。

香煎雞柳佐藍莓醬

Sauted Chicken with Blueberry Sauce

 5-10分鐘

食材
Ingredients

雞胸肉	1 片
綜合沙拉葉	1 把
牛番茄切片	1 顆
切達起司片	2 片
黑胡椒	少許
鹽	少許
橄欖油	1 湯匙
狄戎芥末醬	2 湯匙
水	3 湯匙
藍莓醬	3 湯匙
鄉村麵包	2 片

做法
Practice

1 將雞胸肉兩面均勻撒上鹽及黑胡椒，中火熱鍋後倒入橄欖油，油熱放進雞胸肉，兩面煎至焦黃。

2 鍋中倒入 3 湯匙水，蓋上鍋蓋燜 3 至 5 分鐘，開蓋起鍋，將雞肉放涼後切片備用。

3 將兩片鄉村麵包單面抹上芥末醬，取一片抹面朝上，依序放上起司、藍莓醬、雞肉片及綜合沙拉葉及蕃茄片。

4 移至三明治機，蓋上另一片麵包，闔上機器，開始烘烤。

明太子乳酪烤雞

Cod Roe Sauce with Chicken Breast

 15分鐘以上

食材
Ingredients

雞胸肉切條狀	1 片
切達起司片	1 片
鴻喜菇	40g
蘿美生菜	3 片
蒜頭切碎	1 顆
鮮奶油	30g
鹽	少許
黑胡椒	少許
米酒	1 湯匙
橄欖油	1 湯匙
明太子美乃滋醬	3 湯匙
布里歐吐司	2 片

做法
Practice

1 將雞肉條放入碗中，用米酒、鹽及黑胡椒醃漬備用。

2 鴻喜菇一株一株剝下，洗淨備用。

3 小火熱鍋倒入橄欖油及蒜頭爆香，放入雞肉條兩面煎至焦黃後，加入鴻喜菇炒至出水。

4 鍋中倒入鮮奶油及明太子美乃滋醬，待湯汁收乾後關火盛起備用。

5 取一片布里歐吐司依序放上起司片、蘿美生菜及雞肉條，蓋上另一片吐司，闔上機器，開始烘烤。

番茄燉肉丸
Meat Balls & Tomato Sauce

食材
Ingredients

牛絞肉	30g
豬絞肉	20g
帕馬森起司	5g
甜椒粉	5g
孜然粉	3g
鹽	適量
麵包粉	5g
蛋汁	適量
羅勒葉	適量
橄欖油	適量
蒜頭切碎	2 顆
紅辣椒切碎	1 根
罐裝番茄泥	100ml
砂糖	1/2 匙
英式馬芬	1 份

做法
Practice

1 將牛絞肉、豬絞肉、起司粉、甜椒粉、孜然粉及麵包粉攪拌至有黏性。（可加入蛋汁調整濕度），將肉丸塑形成圓餅狀。

2 取一小燉鍋倒入橄欖油加熱，將完成的肉丸放入煎至兩面焦香，取出備用。

3 同鍋放入蒜末及辣椒末爆香，香味出來後倒入番茄泥煮至微微沸騰，加入鹽、糖及黑胡椒調味，將肉丸放進鍋中燉煮至肉丸熟透，關火備用。

4 將英式馬芬切半，將肉丸放上單片馬芬，淋上滿滿的番茄醬汁及羅勒葉，蓋上另一片馬芬，闔上機器，開始烘烤。

（步驟圖以英式馬芬示範，情境美圖使用豆漿吐司）

蒜炒臘肉綜合菇裹蛋汁

Chinese Bacon and Mushroom with Eggs

15分鐘以上

食材
Ingredients

臘肉切條	40g
青蒜斜切小段	1 枝
蛋黃	1 顆
帕馬森起司	10g
綜合菇	60g
蒜頭切碎	1 顆
黑胡椒	少許
鮮奶吐司	2 片

做法
Practice

1 將蛋黃、帕馬森起司及黑胡椒拌勻備用。

2 熱鍋乾煎臘肉條，炒至焦香出油時，倒入蒜頭爆香，接著倒入綜合菇翻炒至湯汁收乾關火。

3 原鍋放入青蒜拌炒，將鍋內食材倒入步驟 1 蛋汁中拌勻備用。

4 取一片鮮奶吐司放入三明治機，放入步驟 3 的食材，蓋上另一片吐司，闔上機器，開始烘烤。

（步驟圖鮮奶吐司示範，情境美圖使用英式馬芬）

Chapter 3

海鮮三明治
SEAFOOD SANDWICH

海鮮料理擁有獨特的鮮甜滋味，口感彈牙，且對身體負擔較小，
是不分性別、年齡都十分適合的食材。
本章介紹了鮪魚、鮭魚、白蝦、白肉魚、透抽、煙燻鮭魚等豐富海產食譜，
以大海的氣息來豐富三明治的風味。

酸豆洋蔥煙燻鮭魚

 5分鐘

食材
Ingredients

煙燻鮭魚	3 片
洋蔥切絲	0.25 顆
酸豆	1 湯匙
鄉村麵包	2 片

醬汁
Sauce

檸檬汁	0.25 顆
特級橄欖油	1 茶匙
鹽	少許
黑胡椒	少許

做法
Practice

1 將檸檬汁、橄欖油、鹽及黑胡椒拌勻備用。

2 取一片鄉村麵包，淋上少許步驟 1 醬汁，依序放上煙燻鮭魚、洋蔥絲及酸豆。

3 最後再淋上一些醬汁，移至三明治機，疊上另一片麵包，闔上機器，開始烘烤。

韓式鮪魚泡菜

5分鐘

食材
Ingredients

鮪魚罐頭 ———— 0.5 罐

泡菜切碎 ———— 0.5 杯

海苔絲 ———————— 少許

美生菜 ———————— 2 片

韓式辣醬 ———— 1 湯匙

鮮奶吐司 ———— 2 片

做法
Practice

1 取一片吐司，抹上特調的韓式辣醬，鋪上生菜。

2 分別疊上泡菜及鮪魚，撒上海苔絲。

3 移至三明治機，蓋上另一片吐司，闔上機器，開始烘烤。

鯷魚酸豆醬番茄

食材
Ingredients

小番茄切四瓣	10 顆
羅勒葉切絲	1 小把
鯷魚酸豆醬	3 湯匙
鄉村麵包	2 片

做法
Practice

1 將切瓣番茄、鯷魚酸豆醬及羅勒絲攪拌均勻。

2 取一片鄉村麵包,放上步驟 1 的食材,移至三明治機。

3 蓋上另一片麵包,闔上機器,開始烘烤。

三杯透抽

食材
Ingredients

新鮮透抽切片	1 隻
紅蔥頭切碎	2 顆
蒜頭切片	2 顆
紅辣椒切斜片	1 根
嫩薑切片	1根 (3cm大小)
九層塔葉	適量
醬油	1.5 湯匙
鹽	少許
米酒	1 湯匙
冰糖	0.5 湯匙
麻油	0.5 湯匙
橄欖油	1 湯匙
英式馬芬	1 份

做法
Practice

1 紅蔥頭冷油爆香，至變黃連油取出備用。熱鍋煮水至微冒泡泡，加鹽放入透抽，汆燙 30 秒取出備用。

2 取一匙橄欖油，冷油炒薑片至焦黃起毛邊，加入蒜片及辣椒片拌炒爆香，倒入冰糖及醬油持續拌炒。

3 炒至醬汁變濃稠後，放入步驟 1 的透抽拌炒上色，從鍋邊淋入米酒、麻油及紅蔥頭，最後關火撒入九層塔葉提味。

4 取半片英式馬芬，依序放上步驟 3 的食材，再放一些新鮮九層塔葉，移至三明治機，蓋上另一半馬芬，闔上機器，開始烘烤。

西班牙橄欖油蒜辣蝦

Gambas Al Ajillo

 5-10分鐘

食材
Ingredients

白蝦	6-8 隻
蒜頭切片	4 顆
乾辣椒碎片	2 湯匙
（可用新鮮辣椒取代）	
橄欖油	0.5 杯
鹽	1 茶匙
黑胡椒	少許
巴西里葉	少許
（可換成羅勒或是九層塔）	
奶油	少許
鮮奶吐司	2 片

做法
Practice

1 白蝦去頭去殼，切背去泥腸，用鹽及黑胡椒抓醃調味。小火熱鍋倒入橄欖油，油熱後加入蝦殼拌炒，變紅之後撈起。

2 原鍋放入蒜片拌炒爆香，加入乾辣椒碎片炒至辣椒味出來，倒入步驟 1 的白蝦，撒入適當的鹽，將蝦仁兩面煎至焦黃。

3 待蝦仁熟了之後關火，撒上巴西里葉，拌勻盛出，鍋中橄欖油留置備用。

4 將兩片吐司抹上奶油，取一片疊上步驟 3 之蒜辣蝦，並淋上些許鍋中橄欖油提味。

5 將吐司移至三明治機，蓋上另一片吐司，闔上機器，開始烘烤。

炸魚條佐塔塔醬

 5-10分鐘

食材
Ingredients

鱈魚	150g
米酒	1 湯匙
中筋麵粉	0.5 杯
糯米粉	1 杯
拉格啤酒	1 杯
蜂蜜	1 茶匙
鹽	2 茶匙
芥花籽油	約 1-1.5 公升
塔塔醬	3 湯匙
鮮奶吐司	2 片

做法
Practice

1 鱈魚去骨去皮切成條狀，用米酒及 1 茶匙鹽醃漬 20 至 30 分鐘備用。

2 取一大碗倒入中筋麵粉、0.5 杯糯米粉、拉格啤酒、蜂蜜及 1 茶匙鹽，拌勻調成麵糊備用。另取一碗倒入 0.5 杯糯米粉備用。

3 取一深鍋倒入芥花籽油，油溫升到 190 度 C 後，鱈魚條先沾糯米粉，再沾麵糊，放入油鍋中油炸，至顏色變成金黃即可起鍋瀝油。

4 取一片鮮奶吐司，放入步驟 3 的炸魚條，淋上特製塔塔醬，蓋上另一片麵包，闔上機器，開始烘烤。

味噌美乃滋醬烤鮭魚

15分鐘以上

食材
Ingredients

鮭魚排 ——————— 1 片
青蔥切碎 ——————— 1 根
米酒 ——————— 1 湯匙
醬油 ——————— 1 湯匙
奶油 ——————— 0.5 湯匙
綜合沙拉葉 ——————— 適量
味噌美乃滋醬 ——————— 4 湯匙
豆漿吐司 ——————— 2 片

做法
Practice

1 取一底部寬大的容器放入鮭魚排，倒入醬油及米酒醃漬 1 小時，中間記得翻面，讓兩面都入味。將味噌美乃滋醬加入青蔥拌勻備用。

2 烤箱上下火 230 度預熱 15 分鐘，取烤盤鋪上烘焙紙，紙上抹些許奶油。

3 將步驟 1 的鮭魚排放上烤盤，塗滿味噌美乃滋抹醬，放入烤箱烤 15 至 20 分鐘。（視魚的厚度及烤箱溫度決定時間）。

4 取一片豆漿吐司，放上綜合沙拉葉及烤好的鮭魚，蓋上另一片吐司，闔上機器，開始烘烤。

水果鮮蝦佐蜂蜜芥末醬

Shrimp Fruit With Honey Mustard

15分鐘以上

食材
Ingredients

白蝦	5 隻
芒果	0.5 顆
奇異果	1 顆
雞蛋	1 顆
鮭魚卵（可略）	少許
蝦卵（可略）	少許
紅洋蔥切末	0.5 顆
青蔥切末	1 根
蜂蜜芥末醬	4 湯匙
鮮奶吐司	2 片

做法
Practice

1 芒果、奇異果去皮切塊備用。

2 白蝦去殼燙熟切塊，雞蛋煮成水煮蛋之後、撥殼切塊。

3 取一大碗將蜂蜜芥末醬、步驟 1、步驟 2 的食材拌勻備用。

4 取一片鮮奶吐司，放入步驟 3 的食材，撒上青蔥、紅洋蔥、鮭魚卵及蝦卵。

5 將吐司移至三明治機，蓋上另一片吐司，闔上機器，開始烘烤。

普羅旺斯燉海鮮

15分鐘以上

食材
Ingredients

透抽切圈	50g
白肉魚切片	50g
白蝦	3 隻
蒜頭切碎	1 顆
洋蔥切丁	0.5 顆
紅蘿蔔切丁	20g
西洋芹菜切丁	1 根
紅黃甜椒切條狀	各 0.25 顆
月桂葉	2 片
巴西里葉	1 湯匙
白酒	1 杯
罐裝番茄丁	200 毫升
甜椒粉	1 小匙
鹽	少許
黑胡椒	少許
橄欖油	2 湯匙
布里歐吐司	2 片

做法
Practice

1 熱鍋放入橄欖油、洋蔥及蒜頭爆香，炒至香味出來，加入紅蘿蔔及西洋芹菜，拌炒到顏色焦黃。

2 倒入白酒煮滾，將番茄丁下鍋拌勻，放進月桂葉、巴西里、甜椒粉、鹽及黑胡椒，沸騰後轉小火蓋上蓋子煮 20 分鐘。

3 開蓋放入紅黃甜椒再煮 10 分鐘，接著將海鮮全數放入鍋中，燉煮 15 分鐘，待湯汁收至濃稠後起鍋備用。

4 取一片布里歐吐司，放上步驟 3 的燉煮海鮮，撒上少許巴西里葉，蓋上另一片吐司，闔上機器，開始烘烤。

Chapter 4

蔬食與蛋三明治

VEGETABLE & EGG SANDIWICH

蔬食料理經過料理人的不斷創新，已不再是以吃素者為主要客群，
有越來越多的饕客喜愛品嘗蔬食，
除了健康取向，更是因為蔬食料理的美味多變已經與肉食料理不相上下，
甚至能更細緻地展現食材鮮味。

九層塔辣椒番茄
Basil chili and Tomato

 5分鐘

食材
Ingredients

九層塔切絲	1 把
新鮮番茄切丁	0.5 顆
番茄乾切丁	30g
紅辣椒切碎	1 根
蒜頭切碎	1 顆
橄欖油	2 湯匙
蜂蜜	0.5 湯匙
鹽	少許
鄉村麵包	2 片

做法
Practice

1 將九層塔、新鮮番茄、番茄乾、辣椒、蒜頭、橄欖油、蜂蜜及鹽拌勻備用

2 取一片鄉村麵包，放上步驟1的食材，淋上些許碗中的湯汁。

3 將麵包移至三明治機，蓋上另一片麵包，闔上機器，開始烘烤。

乳酪洋蔥
Cheese onion

 5分鐘

食材
Ingredients

奶油乳酪	3 湯匙
紅洋蔥切絲	0.25 顆
洋蔥切絲	0.25 顆
紅酒醋	3 湯匙
蜂蜜	1 湯匙
鹽	少許
黑胡椒	少許
布里歐吐司	2 片

做法
Practice

1 取一大碗，將紅白洋蔥、紅酒醋、蜂蜜、鹽及黑胡椒拌勻備用。

2 取一片布里歐吐司均勻抹上奶油乳酪，放上步驟 1 的食材。

3 將吐司移至三明治機，蓋上另一片吐司，闔上機器，開始烘烤。

酪梨莎莎醬
Guacamole

 5分鐘

食材
Ingredients

酪梨 —————————— 1 顆

小番茄 ———————— 8-10 顆

洋蔥 ——————————— 0.25 顆

美乃滋 ———————————— 1 湯匙

煙燻紅椒粉 ——————— 1 湯匙

檸檬汁 ———————————— 0.5 顆

橄欖油 ———————————— 1 湯匙

鹽 ————————————————— 少許

黑胡椒 ———————————— 少許

鄉村麵包 ——————————— 2 片

做法
Practice

1 酪梨去皮去籽切塊,番茄、洋蔥切小丁。

2 將酪梨、番茄、洋蔥、檸檬汁、橄欖油、煙燻紅椒粉、鹽及胡椒粉拌勻備用。

3 將兩片鄉村麵包抹上一層美乃滋,放上步驟 2 拌勻的食材。

4 移至三明治機,蓋上另一片麵包,闔上機器,開始烘烤。

自製馬鈴薯餅
Handmade Hash Browns

食材
Ingredients

馬鈴薯 —————— 2 顆
鹽 ———————— 適量
黑胡椒 ——————— 適量
奶油 ———————— 2 湯匙
橄欖油 ——————— 1 湯匙
牛番茄切片 ————— 0.5 顆
番茄醬 ——————— 2 湯匙
砂糖 ———————— 1 茶匙
鮮奶吐司 —————— 2 片

做法
Practice

1 馬鈴薯洗淨去皮,刨成絲後,撒鹽用力搓揉,將水分擠出。進行二次撒鹽及黑胡椒調味,搓成約 5 顆小圓球備用。

2 中火熱鍋,冷鍋時倒橄欖油及放入奶油,奶油溶化後放入馬鈴薯球,單面煎至焦黃後翻面。

3 兩面都煎至焦黃後,將所有馬鈴薯球炒散,再組合成兩片圓形薯餅,輕壓薯餅,煎至焦脆起鍋備用。

4 取一片鮮奶吐司均勻抹上番茄醬,撒上一些砂糖,依序疊上兩片薯餅及蕃茄片。

5 將吐司移至三明治機,蓋上另一片吐司,闔上機器,開始烘烤。

乾煎奶油杏鮑菇
Pan-fry King Oyster Mushrooms

 5-10分鐘

 食材
Ingredients

 做法
Practice

杏鮑菇 ———————— 1 根
甜豆筴 ———————— 6 根
黃甜椒切小丁 ——— 0.25 顆
毛豆仁 ———————— 20g
紅辣椒切小段 ——— 1 根
綠辣椒切小段 ——— 1 根
蒜頭切碎 ————— 1 顆
無鹽奶油 ————— 1 湯匙
橄欖油 ————— 1 湯匙
鹽 ———————— 適量
黑胡椒 ————— 適量
英式馬芬 ————— 1 份

1 杏鮑菇切成大拇指長度後再切薄片，中火乾煎杏鮑菇，煎至兩面焦黃起鍋備用。

2 中火熱鍋，冷鍋時下橄欖油及奶油，奶油溶化後加入蒜頭爆香。

3 下甜豆筴、毛豆仁、黃甜椒、紅辣椒及綠辣椒拌炒，再放入步驟 1 的杏鮑菇，並撒鹽及黑胡椒調味拌炒，起鍋備用。

4 取半片英式馬芬放上步驟 3 的杏鮑菇，移至三明治機中，蓋上另半片馬芬，闔上機器，開始烘烤。

檸檬百里香炒蘑菇
Saute Mushroom With Lemon Thyme

5-10分鐘

食材
Ingredients

白色大蘑菇切半	8 顆
檸檬	0.5 顆
百里香	1 湯匙
蒜頭切碎	1 顆
鹽	少許
砂糖	1 湯匙
黑胡椒	少許
七味粉	少許
橄欖油	1 湯匙
奶油乳酪	3 湯匙
鄉村麵包	2 片

做法
Practice

1 小火熱鍋，倒入橄欖油及蒜末爆香，均勻撒入 0.5 匙糖，將蘑菇切面朝下放入鍋中，撒上鹽、黑胡椒及百里香，待蘑菇與鍋子接觸的那一面有些焦糖化後，推至鍋緣。

2 鍋中撒入 0.5 匙糖，將蘑菇翻面到撒糖位置，待稍微焦糖化後，擠檸檬汁，繼續煎約 1 分鐘，最後撒上七味粉稍微拌炒，關火起鍋備用。

3 取一片鄉村麵包，抹上奶油乳酪，放上步驟 2 的蘑菇，淋一些湯汁，削一點檸檬皮。

4 移至三明治機，蓋上另一片麵包，闔上機器，開始烘烤。

大蒜蛋黃醬烤波特菇

15分鐘以上

Portobello Mushroom With Garlic Mayonnaise

食材
Ingredients

做法
Practice

波特菇 ⸺⸺⸺ 1 顆
洋蔥切小丁 ⸺⸺ 0.25 顆
紅甜椒切小丁 ⸺⸺ 0.25 顆
黃甜椒切小丁 ⸺⸺ 0.25 顆
芥花籽油 ⸺⸺⸺ 2 湯匙
鹽 ⸺⸺⸺⸺ 少許
黑胡椒 ⸺⸺⸺ 少許
切達起司 ⸺⸺⸺ 1 片
起司絲 ⸺⸺⸺ 少許
大蒜蛋黃醬 ⸺⸺ 4 湯匙
英式馬芬 ⸺⸺⸺ 1 份

1 烤箱預熱 230 度，波特菇去蒂頭，洗淨擦乾抹上芥花籽油，底朝上放入烤箱烤 10 分鐘，取出將菇上的水份擦乾備用。

2 鍋中倒入芥花籽油，中大火熱鍋，爆香蒜頭，放入洋蔥丁及甜椒丁，撒上鹽及黑胡椒調味翻炒一下，起鍋倒入大蒜蛋黃醬拌勻。

3 將步驟 2 的餡料填進波特菇中，送進烤箱續烤 10 分鐘。

4 取半片英式馬芬，依序放上一片切達起司及波特菇，最後撒上起司絲。移至三明治機，蓋上另半片馬芬，闔上機器，開始烘烤。

（步驟圖以英式馬芬示範，情境美圖使用鮮奶吐司）

干鍋蔬菜烘蛋

Griddle Cauliflower With Tortilla De Patata

 15分鐘以上

 食材 Ingredients

白花椰	0.25 顆
紅洋蔥切大塊	0.25 顆
花椒	1 湯匙
乾辣椒切半	4 根
紅辣椒切小段	1 根
青蔥切段	1 根
嫩薑拍扁切厚片	1 小根
蒜拍扁	3 顆
香菜切小段	少許
醬油	2 湯匙
砂糖	1 湯匙
鹽	少許
雞蛋	2 顆
芥花籽油	2 湯匙
豆漿吐司	2 片

 做法 Practice

1 白花椰洗淨擦乾剝成小束，烤箱預熱 230 度，花椰菜淋些許油、撒鹽進烤箱烤 15 分鐘備用。雞蛋打至蓬鬆備用。

2 取一可進烤箱的淺鍋，中大火以芥花籽油熱鍋，爆香花椒，接著放入蔥、薑、蒜、乾辣椒及紅辣椒，香味出來後放進洋蔥，倒進醬油及糖快速拌炒。

3 加入花椰菜繼續拌炒，倒入雞蛋轉大火，撒上起司絲。30 秒後，放入烤箱，以 230 度烤 10 分鐘取出放涼，切一塊符合吐司尺寸的烘蛋備用。

4 取一片豆漿吐司放入三明治機中，放上烘蛋，蓋上另一片吐司，將三明治機合起來，開始烘烤。

（步驟圖以豆漿吐司示範，情境美圖使用英式馬芬）

韓式炒冬粉

Japchae

食材
Ingredients

韓式冬粉	50g
蘿美生菜切絲	0.5 片
香菇切片	1 朵
紅蘿蔔切絲	10g
紅黃甜椒切絲	0.25 顆
洋蔥切絲	0.25 顆
紅辣椒切小段	1 根
無鹽奶油	2 湯匙
布里歐吐司	2 片

醬汁
Sauce

水	1 湯匙
醬油	4 湯匙
砂糖	1 湯匙
蒜頭壓成泥	1.5 湯匙
芝麻油	0.5 湯匙
芝麻	0.5 湯匙
白胡椒粉	1 湯匙

做法
Practice

1 燒開一鍋水，將韓式冬粉放入，煮約 10 分鐘後取出沖冷水，用剪刀把冬粉剪短備用。

2 取一碗將醬料拌勻備用。

3 熱鍋倒入半碗醬料，將洋蔥、香菇、紅蘿蔔、甜椒、辣椒倒入鍋中炒軟。

4 倒入剪好的冬粉拌勻後，將最後半碗倒入鍋中再次拌炒，撒上白胡椒粉，關火起鍋，拌入蘿美生菜即完成。

5 將兩片布里歐吐司單面抹上奶油，抹面朝下放入三明治機中，放上步驟 4 的韓式炒冬粉，蓋上另一片吐司，抹面朝上，闔上機器，開始烘烤。

Chapter 5

抹醬甜甜

SWEET SPREAD SANDWICH

不論吃的再飽，甜點是另一個胃！
吃到美味的甜食可以讓人心情愉快，
本章將要分享利用簡單抹醬就能輕鬆享受的甜蜜時光，
用最簡單、最健康的天然食材來降低嗜甜的罪惡感吧！

草莓花生醬

Strawberry Jam Mix Peanut Butter

5分鐘

食材
Ingredients

草莓醬	3 湯匙
花生醬	3 湯匙
無鹽奶油	1 湯匙
鄉村麵包	2 片

做法
Practice

1 取一片鄉村麵包，先塗上一層奶油，再塗一層草莓醬，另一片則直接塗上花生醬。

2 將塗有草莓醬及花生醬的兩面對闔起來，移至三明治機，闔上機器，開始烘烤。

綜合莓果佐榛果巧克力醬

Integrated Berry With Nutella

5分鐘

食材
Ingredients

做法
Practice

草莓醬————————3 湯匙

Nutella 巧克力榛果醬

————————3 湯匙

藍莓、覆盆莓————60g

綜合堅果————————10g

豆漿吐司————————2 片

1 取一片豆漿吐司均勻塗上 Nutella 巧克力榛果醬，塗面均勻放上莓果，撒上綜合堅果。

2 將吐司移至三明治機，蓋上另一片吐司，闔上機器，開始烘烤。

楓糖堅果乳酪

 5-10分鐘

Maple Cheese With Integrated Nuts

食材
Ingredients

做法
Practice

奶油乳酪 ———— 2 湯匙
楓糖漿 ————— 2 湯匙
綜合堅果 ———— 2 湯匙
鄉村麵包 ———— 2 片

1 奶油乳酪室溫放軟，加入楓糖漿攪拌均勻備用。

2 取一片鄉村麵包，均勻塗上步驟 1 的楓糖乳酪，撒上綜合堅果。

3 移至三明治機，蓋上另一片麵包，闔上機器，開始烘烤。

濃縮巴薩米克醋 + 香蕉

Heates Aceto Balsamico and Banana

 5-10分鐘

食 材
Ingredients

巴薩米克醋	50g
香蕉	1 根
薄荷葉	少許
砂糖	5g
鮮奶吐司	2 片

做 法
Practice

1 巴薩米克醋與糖混合，小火加熱至醬汁濃稠即可關火。

2 香蕉剝皮斜切片備用。

3 取一片鮮奶吐司，放上香蕉片，淋上濃縮巴薩米克醋醬汁，放上幾片薄荷葉。

4 移至三明治機，蓋上另一片吐司，闔上機器，開始烘烤。

分解檸檬塔
Lemon Tart

食材
Ingredients

帶皮檸檬片————— 1 片

馬斯卡彭————— 3 湯匙

薄荷葉————— 3 片

檸檬凝醬————— 3 湯匙

豆漿吐司————— 2 片

做法
Practice

1 取一片豆漿土司，依序抹上馬斯卡彭、檸檬凝醬，並放上新鮮檸檬片及薄荷葉。

2 移至三明治機，蓋上另一片吐司，闔上機器，開始烘烤。

蘋果二重奏
Double Apple Pie

 15分鐘以上

 食材
Ingredients

蘋果	1.5 顆
砂糖	50g
檸檬	0.5 顆
豆漿吐司	2 片

 做法
Practice

1 蘋果洗淨削皮，1 顆切丁，0.5 顆切成薄片備用。

2 取一小鍋倒入蘋果丁、糖及檸檬汁，開小火加熱煮至湯汁稍微濃稠，起鍋備用。

3 取一片豆漿吐司，依序放上蘋果醬及新鮮蘋果片，移至三明治機，蓋上另一片吐司，闔上機器，開始烘烤。

Chapter 6

經典甜點
CLASSIC DESSERT SANDWICH

你有想過三明治也可以復刻經典甜點嗎？利用三明治機輕鬆變出一桌美好的下午茶，
不論是韓式肉桂糖餅、義大利提拉米蘇還是日式的抹茶吐司佐黃豆粉，
都是還原度極高的神作！而三步驟就能完成的布丁卡士達、棉花糖夾心地瓜
更是甜蜜爆漿的上癮魔物，一起來試試吧！

布丁卡士達
Pudding Custard

 5分鐘

食材
Ingredients

布丁（S）	1個
葡萄乾	適量
杏仁片	適量
鮮奶吐司	2片

做法
Practice

1 取一片鮮奶吐司，將布丁完整倒扣在一片鮮奶吐司中間，撒上葡萄乾及杏仁片。

2 移至三明治機，蓋上另一片吐司，闔上機器，開始烘烤。

韓式肉桂糖餅

Korean Cinnamon Pancake

5分鐘

食材
Ingredients

黑糖粉 ———— 1.5 湯匙

貳號砂糖 ———— 1.5 湯匙

肉桂粉 ———— 1 湯匙

南瓜子、松子 ——— 1 湯匙

無鹽奶油 ———— 4 湯匙

鮮奶吐司 ————— 2 片

做法
Practice

1 將黑糖粉、貳號砂糖及肉桂粉拌勻備用,將兩片吐司單一面塗上 3 湯匙奶油。

2 取一片鮮奶吐司放入三明治機,塗面朝上,依序撒上步驟 1 的肉桂糖粉及南瓜子與松子。

3 加上一湯匙的奶油,移至三明治機,蓋上另一片吐司,闔上機器,開始烘烤。

棉花糖起司地瓜

Sweet Potatoes With Cheese and Marshmallow

 5-10分鐘

食材
Ingredients

烤地瓜 ———————— 1 顆
鮮奶油 ———————— 15g
鹽 ———————————— 1 小撮
起司絲 ———————— 20g
棉花糖 ———————— 20g
鄉村麵包 ———————— 2 片

做法
Practice

1 烤地瓜去皮拌成泥後，加入鮮奶油及鹽攪拌均勻備用。

2 取一片鄉村麵包，均勻抹上步驟1的地瓜泥，再撒上起司絲及棉花糖。

3 移至三明治機，蓋上另一片麵包，闔上機器，開始烘烤。

蒙布朗
Mont Blanc

食材
Ingredients

甘栗	60g
黃砂糖	20g
水	15cc
鮮奶油	20g
無鹽奶油切小塊	20g
白蘭地	0.5 小匙
豆漿吐司	2 片

做法
Practice

1 取一鍋倒入黃砂糖及水，以小火加熱至濃稠糖漿狀態後，關火備用。

2 甘栗取 3 顆切成小塊，其餘倒入食物調理機打碎，逐次加入步驟 1 的糖漿、鮮奶油、白蘭地及無鹽奶油塊，務必等食材完全與栗子泥融合後再加入下一樣食材。最後倒出栗子泥過篩備用。

3 取一片豆漿吐司，抹上步驟 2 的栗子泥，撒上步驟 2 的甘栗塊。

4 移至三明治機，蓋上另一片吐司，闔上機器，開始烘烤。

提拉米蘇
Tiramisu

15分鐘以上

食材
Ingredients

雞蛋	1 顆
牛奶	25ml
濃縮咖啡粉	5g
馬斯卡彭（室溫）	50g
鮮奶油	25g
細砂糖	10g
無糖可可粉	適量
無鹽奶油	20g
豆漿吐司	2 片

做法
Practice

1 鮮奶油打發到不會流動狀態，放入冰箱冷藏約 1 小時；室溫的馬斯卡彭用打蛋器打到呈現乳霜狀，加入細砂糖攪拌均勻，最後拌入冷藏後的鮮奶油，冷藏約 1 至 2 小時備用。

2 牛奶加熱至微溫，倒入咖啡粉拌勻放涼，雞蛋打勻至看不見蛋白，拌入咖啡牛奶中，將吐司放入咖啡牛奶蛋液，兩片吐司正反面各浸泡 1 分鐘。

3 三明治機預熱至燈滅，兩面烤盤塗上無鹽奶油，放入步驟 2 的吐司一片，闔上機器，開始烘烤約 2 分鐘，取出後放冷。依序完成第二片吐司。

4 取一片吐司放在盤中，放上一大匙步驟 1 餡料稍微抹開，疊上第二片吐司，把剩下的餡料倒在在吐司上，再均勻撒上可可粉，最後放上薄荷葉裝飾。

抹茶吐司佐黑糖黃豆粉

Matcha French Toast With Brown
Sugar And Soybean Flour

食材
Ingredients

雞蛋	1 顆
砂糖	1 湯匙
牛奶	25ml
抹茶粉過篩	15g
無鹽奶油	20g
黃豆粉	適量
黑糖	50g
水	25g
蜂蜜	1 湯匙
豆漿吐司	2 片

做法
Practice

1 取一小鍋放入黑糖及水,小火加熱至糖漿狀態,加入蜂蜜拌勻後倒出備用。

2 牛奶加入抹茶粉攪拌至沒有粉粒,雞蛋打均勻後加進抹茶牛奶中,接著加入砂糖拌勻。

3 將兩片豆漿吐司放入步驟 2 的抹茶蛋液中,兩面各浸泡 1 分鐘。

4 三明治機預熱至燈滅,兩面烤盤塗上無鹽奶油,放入步驟 3 的吐司一片,闔上機器,開始烘烤約 2 分鐘,依序完成第二片。

5 取出後,將吐司切成條狀,以每一層不同方向的排列依序疊上吐司條。完成後淋上黑糖蜜及黃豆粉即可。

Chapter 7

驚奇新創意
AMAZING SANDWICH

三明治機除了可以做出三明治,更可以利用烤盤的溫度完成不可思議的三明治妙用,
只要操作得宜,利用三明治機製作煎餅、章魚燒、烤飯糰都不是難事,
本章滿足現代人物盡其用、一物多用的超值心理,
請在正常操作下,發想你的創意食譜吧!

章魚燒薄餅
Takoyaki

食材
Ingredients

章魚燒粉	35g
冰水	70ml
雞蛋	1顆
章魚汆燙切小塊	50g
高麗菜切小塊	30g
紅蘿蔔削成絲	20g
葵花籽油	0.5湯匙
章魚燒醬	適量
山葵醬	0.5湯匙
美乃滋	1湯匙
海苔粉	適量
薄柴魚片	適量

做法
Practice

1 取一不銹鋼盆倒入章魚燒粉、冰水及雞蛋,攪拌至看不見粉粒,再加入高麗菜及紅蘿蔔混合均勻備用。

2 將山葵醬與美乃滋均勻混合備用。

3 三明治機預熱,燈滅後打開蓋子在上下烤盤均勻抹上油。

4 倒入八分滿麵糊,待麵糊稍微凝固後,撒上章魚塊。

5 再淋1至2匙麵糊,蓋上蓋子烘烤3至5分鐘,開蓋取出章魚燒薄餅。

6 淋上章魚燒醬、山葵美乃滋、海苔粉及薄柴魚片即可享用。

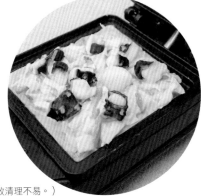

(麵糊以不超過烤盤格紋處為主,避免壓蓋後麵糊過多溢出,導致清理不易。)

墨西哥魚肉薄餅
Flour Tortilla With Fish

食材
Ingredients

做法
Practice

鮭魚片(白肉魚亦可)──100g
檸檬汁 ──────────── 2 湯匙
蜂蜜 ─────────────── 1 湯匙
蒜頭切碎 ───────────── 2 顆
甜椒粉 ─────────── 0.25 小匙
辣椒粉 ────────────── 1 小匙
奧勒岡粉 ───────── 0.25 小匙
小茴香粉 ───────── 0.25 小匙
孜然粉 ─────────── 0.5 小匙
酪梨 ──────────────── 0.5 顆
洋蔥切丁 ───────── 0.25 顆
鹽 ────────────────── 適量
黑胡椒 ─────────────── 適量
牛番茄切丁 ──────── 0.25 顆
玉米粒 ────────────── 適量
酸奶油 ────────────── 2 湯匙
韓式辣醬 ─────────── 0.5 湯匙
墨西哥辣椒切碎 ─────── 3 片
美生菜切絲 ──────────── 1 把
香菜 ──────────────── 適量
墨西哥薄餅 ──────────── 1 張

1 鮭魚去皮切大塊後，以 1 湯匙檸檬汁、蜂蜜、蒜頭、甜椒粉、辣椒粉、奧勒岡粉、小茴香粉及孜然粉醃漬 2 小時。

2 取一平底鍋熱鍋不加油，將步驟 1 的鮭魚放入，煎至兩面焦黃，取出備用。

3 酸奶油加入墨西哥辣椒及辣醬拌勻備用。酪梨去皮去核壓成泥後，加入洋蔥、檸檬汁、鹽及黑胡椒拌勻備用。

4 取一張墨西哥薄餅鋪平，抹上半邊步驟 3 的酪梨醬。

5 在酪梨醬上依序疊上步驟 2 的魚肉、香菜、生菜絲、番茄丁、玉米粒及步驟 3 的酸奶油。

6 將墨西哥薄餅另一邊輕輕蓋上，移至三明治機，闔上機器，開始烘烤。

墨西哥辣肉醬薄餅
Flour Tortilla With Chili Con Carne

食材
Ingredients

牛絞肉	30g
豬絞肉	20g
洋蔥切丁	0.25 顆
蒜頭切末	1 顆
培根切碎	1 片
罐頭番茄丁	80g
墨西哥辣椒切丁	1 根
鹽	適量
甜椒粉	0.25 小匙
辣椒粉	1 小匙
奧勒岡粉	0.25 小匙
小茴香粉	0.25 小匙
孜然粉	0.5 小匙
酸奶油	2 湯匙
紅洋蔥切絲	0.5 顆
香菜	適量
牛番茄去籽切丁	0.25 顆
美生菜切絲	1 把
橄欖油	1 湯匙
墨西哥薄餅	1 張

做法
Practice

1 取燉鍋倒入橄欖油熱鍋，放入洋蔥、大蒜及培根炒至上色。

2 加進絞肉拌炒至肉變成白色，放入甜椒粉、辣椒粉、小茴香粉、孜然粉及奧勒岡粉，快速拌炒 1 分鐘。

3 放入墨西哥辣椒、番茄丁及鹽，加入一些水蓋過材料。炒至湯汁收乾即可關火備用。

4 取一張墨西哥薄餅鋪平，抹上半邊步驟 3 的辣肉醬。

5 在辣肉醬上依序疊上紅洋蔥絲、香菜、生菜絲、番茄丁、香菜及酸奶油。

6 將墨西哥薄餅另一邊輕輕蓋上，移至三明治機，闔上機器，開始烘烤。

韓式海鮮煎餅
Korean Seafood Pancakes

食材
Ingredients

紅辣椒切小段 ———————— 1 根

青陽辣椒切小段 ———————— 1 根

透抽 ————————————— 50g

蝦仁 ————————————— 2 隻

蛤俐 ————————————— 3 顆

青蔥切段 ————————————— 1 根

韓式煎餅粉 ———————————— 50g

冰水 ————————————— 50ml

雞蛋 ———————————— 0.5 顆

葵花籽油 ——————— 0.5 湯匙

醬汁
Sauce

醬油 ————————————— 1 湯匙

白醋 ———————————— 0.5 湯匙

砂糖 ———————————— 0.5 湯匙

水 —————————————— 1 湯匙

粗辣椒粉 ———————————— 少許

做法
Practice

1 透抽及蝦仁氽燙後切小塊備用、蛤蜊燙熟去殼備用；雞蛋打勻備用；醬料拌勻備用。

2 取一鋼盆倒入煎餅粉、冰水及雞蛋，攪拌至看不見粉粒。青蔥切段（長度與三明治機相同），均勻拌入少許煎餅粉。

3 三明治機預熱，燈滅打開蓋子在上下烤盤均勻抹上油，於下烤盤再倒入 0.5 湯匙油。

4 放入 3 湯匙麵糊，麵糊上方疊上青蔥及海鮮。接著再倒入 2 湯匙麵糊，蓋上蓋子烘烤 2 分鐘。

5 2 分鐘後開蓋淋上蛋汁，撒上少許青陽辣椒及紅辣椒，蓋上蓋子等 3 至 5 分鐘。

6 開蓋取出海鮮煎餅，切塊擺盤沾上醬汁即可享用。

（麵糊以不超過烤盤格紋處為主，避免壓蓋後麵糊過多溢出，導致清理不易。）

鮭魚烤飯糰
Grilled Salmon Rice Balls

食材
Ingredients

做法
Practice

鮭魚	50g
香鬆	2 湯匙
青蔥切小段	1 根
白飯	1 碗
鹽	少許
醬油	1 湯匙
美乃滋	1 湯匙
海苔	1 片

1 熱鍋不加油煎熟鮭魚,將鮭魚去骨去皮,魚肉撥成小碎塊備用。

2 同一個鍋子倒入青蔥,加鹽用中小火炒至焦黃備用。

3 將白飯、鮭魚、青蔥、香鬆、醬油、美乃滋拌勻。

4 雙手沾濕,將步驟 3 鮭魚拌飯用力捏牢,並捏塑成三角形,厚度不超過 2 公分。成品貼上海苔後備用。

5 上下烤盤抹上些許油,將步驟 4 的鮭魚飯糰放入三明治機,闔上機器,開始烘烤。取出時須小心拿取,避免散開。

Chapter 8

神來一筆　擺盤包裝大加分
PRESENTATION & WRAP UP

無論成品多麼美味，擺盤與包裝絕對不能鬆懈，
少女心一定要堅持到最後一步，
本章將簡單分享四種包裝擺盤，手不用特別巧，材料不用特別精美，
只要親手製作，就能讓人感受到手感的美好。

Style I

蠟紙
各式烘焙紙、

利用烘焙紙及包裝蠟紙包裹三明治，特別能感受到簡單質樸的手感，且不僅方便拿取，食用時也多了一層衛生保護，避免直接碰觸三明治或是滿手沾滿醬汁。

包裝的方式因為麵包大小、形狀、厚度而有許多種變化，可以全包也可以半包，更可以選用不同圖紋的紙材來做應用。紙材風格也非常豐富，有西洋畫報風格、日系簡約線條、繽紛派對色調、歐式洗舊手感……等，可順應活動主題搭配挑選。在大創、Nature Kitchen等生活雜貨用品店都有販售。

Baking paper, wax paper

All kinds of
Cartons

Style *2*

各式紙盒

不論是日常的輕食或是休日的野餐，紙盒都是兼具實用與美觀的一大利器！只要在紙盒中先墊上烘焙紙隔絕油汙，就可以提高紙盒的使用次數，既環保又美好。

紙盒的大小、材質、樣式、收口以及印刷都有眾多選擇，再生紙盒保留紙漿原始的顏色及質地，讓三明治呈現出自然粗曠、並帶點工業風的前衛感，是近年來相當受到喜愛的包裝聖品。

Lunch Box, Tin Box

便當盒、鐵盒

以便當盒盛裝食物可說是再合理不過了，如何讓便當一打開就能吸引眾人驚呼呢？首先當然需要先選用一個漂亮、有質感的便當盒，而便當盒內最重要的，就是配色！

三明治的內餡橫切面需事先預想，可盡量選用顏色明亮的食材如番茄、甜椒、青花椰菜等等，圓形便當盒一定會有殘留的縫隙，可用水果、堅果、乾料來做填補，既美觀又養生。其餘如鐵盒、籐籃等器皿，作為容器雖然實用性不足，但雜貨感大加分，是日系野餐主題的好物。

Style 4

各式紙袋

將三明治拎著走是不是很有走在美國街頭的感覺？沒錯，利用現成的牛皮紙袋或是平口小紙袋再綁上麻繩打包，都能展現一種都會的隨興感。

紙袋中透著美麗的格紋圖案，以及熱氣蒸騰的霧氣，細心提醒，可別放太久喔！若沒有時間特別購買可放食物的紙袋，也可以利用一般紙袋作為底層包裝，再以緞帶、麻繩、紙膠帶、貼紙等等作為點綴，會有出其不意的驚喜喔！

三明治機常見 Q&A

機器部分
MACHINE

1. 到日本買麗克特會比較便宜嗎？

台灣代理商很努力的把價格壓到跟日本一樣，而且台灣原廠代理進來的機器都是通過台灣安全法規檢測，也改良成台灣可用的電壓。這類電器商品建議還是使用台灣電壓110Ｖ，可以使用較長久，也避免損壞時，無保固不能維修喔！

2. 機器有提供保固嗎？

原廠保固一年，但不沾塗層的人為損壞不算在保固內。

3. 機器可以帶到國外做使用嗎？

不可以喔！不論國內國外只要因為使用不同電壓而毀損，皆不在保固範圍內。

4. 在預熱過程中，出現蒸汽現象是正常的嗎？

請放心，這是正常現象，並非故障。使用時務必距離插座20公分以上。

5. 第一次使用聞到些許塑膠味是怎麼回事呢？

因為管線使用台灣法規規定的絕緣橡膠線，這個線材味道過一陣子就會消失囉！

6. 機器是一插上電就可以使用了嗎？

要先預熱兩分鐘至三分鐘的時間，待指示燈熄滅就表示機器達到可以使用的溫度了。

7. 指示燈是用來判定食材完成與否嗎？

三明治機的燈號是代表正在進行預熱升溫，燈滅則表示進入200度左右的恆溫狀態，不是代表開關，也不是食材是否完成的指示喔！

8. 食材烘烤完成後，機器會自動斷電、彈開上蓋嗎？

這台機器沒有計時器的功能喔！要自己計時，等時間到了將上蓋掀起，取出食材。

9. 可以長時間使用嗎？

這台不是商業用機器，因此不建議連續使用超過1小時喔！

10. 為什麼我的機器握把扣不上呢？

請注意是否有將握把鎖確實固定，握把鎖有3種模式，依食材厚度可調整卡合狀態。

11. 不沾塗層如掉漆損毀可以換新嗎？

使用過後就不在保固範圍內，要找原廠自費換新喔！

12. 如有清潔不到的部分可以自行修理嗎？

不可以喔！擅自更改拆解機器，是會發生危險的。請交由原廠技術人員進行維修。

13. 三叉插頭可以拔掉或是使用延長線嗎？

盡量都不要拔掉喔！使用延長線也請使用15A 以上的電源延長線，請勿將機器與大功率家電或其他可能引起斷電的設備，共用同一電路的插座，以免造成跳電或電線走火。

14. 打開機器上蓋時，有什麼要注意的部分嗎？

不要去碰除了提把的其他部分，一手打開上蓋，另一隻手也要扶住機器的下提把，以免翻倒。

15. 該如何收納機器呢？

電源線可纏繞著機器腳座，可用電源線夾將電源線收納固定。並可直立放置方便保管及存放。

製作部分
MAKING

1. 使用多少厚度跟大小的吐司，是最剛好的呢？

建議長寬要超過12 公分，厚度約2公分喔！

2. 為什麼我的吐司內側靠機器的部分壓起來都皺皺醜醜的呢？

壓下來時可以用料理夾將上片吐司往內推一點點，並且快狠準的向下壓，通常就可以壓得很漂亮喔！

3. 為什麼我的吐司打開後是分離兩片在上下烤盤呢？

大部分造成吐司分離的原因是「烤太久」，熱壓的蒸汽將吐司沾黏在烤盤上。或是吐司本身濕氣太重也會影響。

4.為什麼我的吐司老是爆漿到很難清理呢？

餡料盡量不要塗抹到麵包的最外圍，像是會融化的起司請酌量放置於中間部分。棉花糖或是巧克力等一遇高溫就融化的餡料，也建議加熱時間不要超過1分鐘喔！

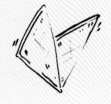

5.想要吃到滿滿餡料，但又害怕爆漿該如何處理呢？

用湯匙把吐司中間壓扁一點，讓中間的空間增加，把餡料包好包滿，就不會被爆漿流出來的殘局搞到焦頭爛額囉！

6.如果真的爆漿流到螺絲或是後面彈簧處該怎麼辦呢？

很有耐性的話，真心建議你拿著牙線及濕紙巾慢慢清理。但如果狀況很慘重，請送回原廠檢修喔！

7.為什麼我的吐司下面那一片拿出來燒焦了呢？

是不是在烤盤上擺上餡料花上過久的時間呢？要先把餡料在旁邊擺好後再放上去，上下片吐司烤出來溫度才會平均。另外烤完後要立即取出，餘溫也會讓吐司過焦喔！或是使用的食材湯汁過多流到底部，也有可能發生這個情況喔！

8.蓋子闔上後三明治邊緣突出來是正常的嗎？

這是沒問題的，不影響壓製的成果。

9.為什麼我的三明治邊邊都壓不起來呢？

請先留意一下吐司大小，小於內框線的吐司是沒辦法壓好邊的喔！此外，如果吐司冰過、濕氣太重，或是上下片沒有對齊，也會影響成型喔！

10. 可以使用冷凍吐司嗎？

可以喔！但紋路跟密合效果多少會受影響喔！

11. 使用一定要抹油嗎？

表面塗層是不沾塗層，所以不一定要抹油使用。但上油烤盤可以使用較長久，平日也可上食用油做烤盤保養。

12. 要怎麼樣三明治機的格紋才會明顯一點呢？

可在上下烤盤表面塗上薄薄的一層奶油，可以讓格紋更明顯喔！另外吐司如果受潮或是裡頭餡料不飽滿，也會影響喔！

13. 可以用來煎烤除了麵包類的食材嗎？

官方食譜上有的都可以使用，但清潔起來相對會比較麻煩，也會影響到烤盤的壽命喔！尤其容易出油出水的食材，使用過程會發生噴濺可能，還請盡量避免以免燙傷喔！

14. 三明治裡頭的食材如果放生食的話，可以煮熟嗎？

不行喔！隔著麵包是沒辦法煮熟食材的，請務必先煮熟食材再夾進麵包喔！

15. 機器溫度很燙，我該用什麼把三明治取出來呢？

建議搭配原廠料理夾，不傷機器又防燙。也可以使用木製或耐熱塑膠器具，不可以使用金屬夾子或是尖銳刀叉，會刮傷烤盤喔！

若還有機器使用上的問題，請上「日本麗克特」臉書粉絲團詢問喔！
（www.facebook.com/recolteTW）

Delicat
Slide Rack Oven

récolte

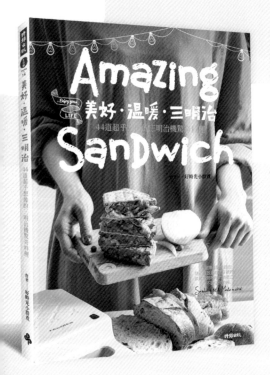

11/30日前
寄回回函就有機會抽中
風靡全台灣、狂銷十萬台的
麗克特 récolte 格子三明治機
（限量三台）

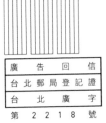

【商品規格】
品名：récolte 日本麗克特 Quilt 格子三明治機
型號：RPS-1
電壓：110V/60Hz
功率：600W
本體尺寸（寬×深×高）：130x230x90（mm）
本體重量：1000g
包裝尺寸（寬×深×高）：155x262x122mm
包裝總重：1200g
設計：日本設計／產地：中國製造
商品驗證識別號碼：R39578
本商品已投保新光產險 1500 萬產品責任險

※ 請對摺後直接投入郵筒，請不要使用釘書機。

| 廣　告　回　信 |
| 台 北 郵 局 登 記 證 |
| 台　北　廣　字 |
| 第　2 2 1 8　號 |

時報文化出版股份有限公司

108 台北市萬華區和平西路三段 240 號 7 樓

小時光編輯線　收

閱讀小時光
Reading Time

感謝您購買《美好・溫暖・三明治：44道超乎想像的三明治機驚奇料理》，為提供更好的服務並推薦適合您的書籍，請撥冗回答下列問題，並將回函寄回（免貼郵票），時報出版感謝您的支持與愛護。

★ 您喜歡的閱讀類別？（可複選）
□文學小說　□心靈勵志　□行銷商管　□藝術設計　□生活風格　□旅遊　□食譜
□其他 ＿＿＿＿＿＿＿＿＿＿＿＿

★ 請問您在何處購得本書？
□實體書店：＿＿＿＿＿＿＿＿　□網路書店：＿＿＿＿＿＿＿＿
□其他：＿＿＿＿＿＿＿＿＿＿

★ 請問您喜愛本書的原因是？（可複選）
□工作或生活所需　□主題有趣　□親友推薦　□封面吸睛　□贈品吸引人　□其他

★ 請問您對本書有無其他建議與想法呢？
＿＿
＿＿
＿＿

感謝您支持並購買，祝福您天天開心，時時順心！

讀者資料（請務必完整填寫，以便通知得獎者相關資訊）

姓名：＿＿＿＿＿＿＿＿＿＿＿　□先生　□小姐

年齡：＿＿＿＿＿＿＿＿　職業：＿＿＿＿＿＿＿＿＿＿＿＿＿

聯絡電話：（H）＿＿＿＿＿＿＿＿＿＿＿（M）＿＿＿＿＿＿＿＿＿

地址：□□□＿＿＿＿＿＿＿＿＿＿＿＿＿＿＿＿＿＿＿＿＿＿＿＿＿＿＿＿

E-mail：＿＿＿＿＿＿＿＿＿＿＿＿＿＿＿＿＿＿＿＿＿＿＿＿

注意事項：
1. 以上資料僅供活動抽獎及通知使用，請務必填寫正確。本社對於個人資料絕對保密。
2. 基本資料若填寫不完整，導致聯絡中獎資格，時報出版概不負責。
3. 實際活動內容以時報悅讀網公告為主。時報出版擁有更改或中止活動之權利。
4. 此抽獎活動之三明治機顏色隨機，恕無法挑選。
5. 此三明治機由廠商贊助提供，本社不負責維修處理及商品保固。其使用方式，依麗克特官網公告為準：
https://www.meib-life.com/

天和鮮物　健康·快樂·環保　天和鮮物
TANHOU

天和認為安心健康，是志業，是良心事業

天和以自營農·漁·畜·牧有機無毒食材，
從種植·養殖·生產·加工·零售·批發
一條龍經營，給您全新的購物體驗，
最安心的食材來源。

唯一自營海洋漁場、海藻雞、海藻豬及有機農場，也是第一家從產地到餐桌，
有機無毒超市·烘焙·餐廳·直營門市及天和鮮物 × 全家超市複合店及全台 500 家全家門市、
有機通路導入天和安心水畜食材，是台灣全方位有機無毒第一品牌。

—— 全方位有機無毒第一品牌食材展售網 ——

天和鮮物網路門市 http://shop.thofood.com/

天和鮮物直營展售門市

天和鮮物·華山旗艦店 台北市中正區北平東路30號1樓 (02)2351-6268
天和鮮物·海島食堂 台北市中正區北平東路30號 B1 (02)2351-6268#201
天和鮮物·BELLAVITA寶麗廣店 台北市信義區松仁路28號B2 (02)8729-2757
天和鮮物·SOGO敦化店 台北市大安區敦化南路一段246號B2 (02)2740-9907
天和鮮物·SOGO忠孝復興館 台北市大安區忠孝東路四段45號B2
天和鮮物·SOGO高雄店 高雄市前鎮區三多三路217號B2 (07)335-1730

全家複合門市

天和鮮物·全家館前店 台北市中正區南海路20號
天和鮮物·全家大勇店 台北市士林區中山北路6段238號
天和鮮物·全家東興店 台北市大安區忠孝東路四段170巷6弄2號
天和鮮物·全家大和店 新北市板橋區三民路二段140號
天和鮮物·全家羅斯福店 台北市文山區羅斯福路六段146號

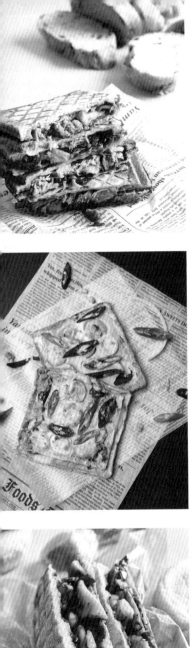

美好・溫暖・三明治

44 道超乎想像的三明治機驚奇料理

作　　者／好時光小群煮
主　　編／林巧涵
執行企劃／曾睦涵
攝　　影／林永銘 240PEN STUDIO
美術設計／亞樂設計
封面模特／白馥菡
董事長　・　總經理／趙政岷
第五編輯部總監／梁芳春
出版者／時報文化出版企業股份有限公司
10803 台北市和平西路三段 240 號 7 樓
發行專線／（02）2306-6842
讀者服務專線／0800-231-705、（02）2304-7103
讀者服務傳真／（02）2304-6858
郵　　撥／1934-4724 時報文化出版公司
信　　箱／台北郵政 79 ～ 99 信箱
時報悅讀網／www.readingtimes.com.tw
電子郵件信箱／books@readingtimes.com.tw
法律顧問／理律法律事務所 陳長文律師、李念祖律師
印　　刷／詠豐印刷有限公司
初版一刷／2017 年 9 月 22 日
定　　價／新台幣 320 元
特別感謝／ récolte 天和鮮物 TANHOU

行政院新聞局局版北市業字第 80 號
ISBN 978-957-13-7140-5 ｜ Printed in Taiwan ｜ All right reserved.

時報文化出版公司成立於一九七五年，並於一九九九年股票上櫃公開發行，
於二〇〇八年脫離中時集團非屬旺中，以「尊重智慧與創意的文化事業」為信念。

美好・溫暖・三明治：44道超乎想像的三明治機驚奇料理 / 好時光小群煮作
初版 -- 臺北市：時報文化, 2017.09 ISBN 978-957-13-7140-5（平裝）

1. 速食食譜 427.14　106015891